Sitzungsberichte
der
Heidelberger Akademie der Wissenschaften
Stiftung Heinrich Lanz

Mathematisch-naturwissenschaftliche Klasse

*) *Jahrgang 1921 erschien im Verlage von Carl Winters Universitätsbuchhandlung in Heidelberg.*

Im Verlag von Walter de Gruyter & Co. vormals G. J Göschen'sche Verlagshandlung — J. Guttentag, Verlagsbuchhandlung — Georg Reimer — Karl J Trübner — Veit & Comp., Berlin erschienen:

Abteilung A. Mathematisch-physikalische Wissenschaften.

Jahrgang 1922.

1. PERRON, OSKAR. Neue Summationsmethoden und Entwicklungen nach Polynomen. Reichsmark 0·30
2. PERRON, OSKAR. Über transzendente Funktionen auf RIEMANNschen Flächen. Reichsmark 0·60
3. BALDUS, RICHARD. Über die singulären Punkte reeller Parameterkurven. Reichsmark 0·50

Jahrgang 1923.

1. DEECKE, W. Mitteleuropäische Meeresströmungen der Vorzeit. Reichsmark 0·60
2. LIEBMANN, HEINRICH. Die LIE'sche Cyklide und die Inversionskrümmung. Reichsmark 0·40
3. PERRON, OSKAR. Über Gleichungen ohne Affekt. Reichsmark 0·40
4. LIEBMANN, HEINRICH. Beiträge zur Inversionsgeometrie III Reichsmark 0·40
5. KRATZERT, J. Beitrag zur Kenntnis des Andesins von Bodenmais. Reichsmark 0·50

Jahrgang 1924.

1. TH. CURTIUS und A BERTHO. Einwirkung von Stickstoffkohlenoxyd und von Stickwasserstoffsäure unter Druck auf aromatische Kohlenwasserstoffe. Reichsmark 0·50
2. LIEBMANN, HEINRICH. Umkehrung des Variationsproblems der ebenen Affingeometrie. Reichsmark 0·60
3. SALOMON, WILHELM. Die Intensitäten alluvialer und diluvialer geologischer Vorgänge und ihre Einwirkung auf die pliocäne Rumpffläche des Kraichgaues und Odenwaldes. Reichsmark 1·20
4. HEFFTER, L. Zur absoluten Geometrie. Reichsmark 0·60
5. VAN WERVEKE, L. Über die Entstehung der lothringischen Lehme und des mittelrheinischen Lößes. Reichsmark 1·50
6. KRULL, WOLFGANG. Die verschiedenen Arten der Hauptidealringe. Reichsmark 0·50
7. ROESER, ERNST. Übergang von der nichteuklidischen Streckentrigonometrie zur Winkelmessung. Reichsmark 0·30
8. WELLSTEIN, JULIUS. Zur Differentialgeometrie der isotropen Kurven. Reichsmark 1·50
9. EWALD RUDOLF Die geodynamischen Erscheinungen des krystallinen Odenwaldes als Beispiel einer geoisostatischen Ausgleichsschwingung. Reichsmark 1·50
10. VOELCKER, ILSE. Über eine ganz junge Verwerfung bei Rauenberg im Kraichgau. Reichsmark 0·30
11. LIEBMANN, HEINRICH. Die Aufschließung von Differentialinvarianten. Reichsmark 0·50

(Fortsetzung siehe 3. Umschlagsseite.)

*) Bestellungen auf solche Veröffentlichungen der math.-naturw. Klasse, welche früher im Verlag von Carl Winters Universitätsbuchhandlung in Heidelberg erschienen sind, nimmt auch der Verlag Walter de Gruyter & Co., Berlin, entgegen.

Sitzungsberichte
der Heidelberger Akademie der Wissenschaften
Mathematisch-naturwissenschaftliche Klasse
Jahrgang 1928. 11. Abhandlung.

Über Raumkurven in der Möbius'schen Geometrie

Von

R. Mühlbach
in Hamburg

Vorgelegt von Herrn Liebmann
in der Sitzung vom 28. Juni 1928

Berlin und Leipzig 1928

Walter de Gruyter & Co.

vormals G. J. Göschen'sche Verlagshandlung / J. Guttentag, Verlagsbuchhandlung / Georg Reimer / Karl J. Trübner / Veit & Comp.

Über Raumkurven in der Möbius'schen Geometrie.

§ 1. Pentasphärische Koordinaten und Möbiustransformationen.[1])

Projiziert man die Punkte des Raumes stereographisch auf die Hyperkugel (im R_4) um den 0-Punkt mit dem Radius 1, etwa vom „Nordpol" der Hyperkugel aus, so kann man den Punkten und Kugeln des Raumes folgende „pentasphärische" Koordinaten zuordnen:

1. Pentasphärische Koordinaten des Punktes seien die Koordinaten der Hyperebene, welche die Einheitshyperkugel im stereographischen Bildpunkt berührt,
2. Pentasphärische Koordinaten der Kugel seien die Koordinaten der Hyperebene, welche aus der Einheitshyperkugel die stereographische Bildkugel herausschneidet.

Sind x, y, z, R kartesische Koordinaten und u_1, u_2, u_3, u_4, u_5 homogene Hyperebenenkoordinaten, so lauten die Formeln der stereographischen Projektion:

1. Für Punkte:

$$u_1 = \varrho x$$
$$u_2 = \varrho y$$
$$u_3 = \varrho z$$
$$u_4 = \varrho \frac{x^2+y^2+z^2-1}{2}$$
$$u_5 = -\varrho \frac{x^2+y^2+z^2+1}{2}$$

2. Für Kugeln:

$$u_1 = \varrho x$$
$$u_2 = \varrho y$$
$$u_3 = \varrho z$$
$$u_4 = \varrho \frac{x^2+y^2+z^2-R^2-1}{2}$$
$$u_5 = -\varrho \frac{x^2+y^2+z^2-R^2+1}{2}$$

Wenn $\{u_i\} = u$ und $(uu) = u_1^2 + u_2^2 + u_3^2 + u_4^2 - u_5^2 = 0$ die Gleichung der Einheitshyperkugel in Ebenenkoordinaten ist, so ist für Punkte $(uu) = 0$, für reelle Kugeln $(uu) > 0$.

1) Vergleiche G. Thomsen: Über konforme Geometrie II, Abhandlungen aus dem Mathem. Seminar der hamburgischen Universität.

Bei Benutzung der pentasphärischen Koordinaten stellen sich die Möbiustransformationen im R_3 dar als die linearen Transformationen der Hyperebenenkoordinaten:

$$(1)\qquad \mathfrak{u}_i^* = \sum_{k:1}^{5} a_{ik}\, \mathfrak{u}_k \qquad i = 1, -. 5$$

welche die Form $(\mathfrak{u}\mathfrak{u})$ nur um einen konstanten Faktor vermehren.

Damit ist das Studium der Möbiusgeometrie auf lineare Invariantentheorie zurückgeführt.

Da man jede Transformation (1) spalten kann in eine Transformation, die $(\mathfrak{u}\mathfrak{u})$ absolut invariant läßt und eine andere von der Form $\mathfrak{u}_i^* = c\mathfrak{u}_i$, die letztere aber in der Gruppe der Umnormierungen $\mathfrak{u}_i^* = \lambda(\mathfrak{u})\, \mathfrak{u}_i$ enthalten ist, so ist jeder Ausdruck aus „Skalarprodukten" $(\mathfrak{u}\mathfrak{v}) = \mathfrak{u}_1\mathfrak{v}_1 + \mathfrak{u}_2\mathfrak{v}_2 + \mathfrak{u}_2\mathfrak{v}_3 + \mathfrak{u}_1\mathfrak{v}_4 - \mathfrak{u}_5\mathfrak{v}_5$, der sich bei Umnormierungen nicht ändert, eine Invariante: z. B.

$$(2)\qquad \cos^2\varphi = \frac{(\mathfrak{u}\mathfrak{v})^2}{(\mathfrak{u}\mathfrak{u})(\mathfrak{v}\mathfrak{v})}$$

wo φ der Winkel zwischen 2 Kugeln ist.

§ 2. Invarianter Parameter für Raumkurven.[1])

Es sei $\mathfrak{x}$ ein Punkt, also $(\mathfrak{x}\mathfrak{x}) = 0$. Eine Kurve ist dann durch $\mathfrak{x}^{(t)}$; $(\mathfrak{x}^{(t)} \cdot \mathfrak{x}^{(t)}) = 0$ gegeben.

Als invarianten Parameter kann man

$$d\sigma = \sqrt[4]{\frac{\|\mathfrak{x}\dot{\mathfrak{x}}\ddot{\mathfrak{x}}\dddot{\mathfrak{x}}\|^2}{(\ddot{\mathfrak{x}}\ddot{\mathfrak{x}})^4}}\, dt$$
$$+$$

einführen, wenn Punkte Ableitung nach t bedeuten und $\|\mathfrak{x}\dot{\mathfrak{x}}\ddot{\mathfrak{x}}\dddot{\mathfrak{x}}\|^2$ als das skalare Quadrat $(\|\mathfrak{x}\dot{\mathfrak{x}}\ddot{\mathfrak{x}}\dddot{\mathfrak{x}}\| \cdot \|\mathfrak{x}\dot{\mathfrak{x}}\ddot{\mathfrak{x}}\dddot{\mathfrak{x}}\|)$ des Vektors $\|\mathfrak{x}\dot{\mathfrak{x}}\ddot{\mathfrak{x}}\dddot{\mathfrak{x}}\|$ definiert ist, der so erklärt wird: $\mathfrak{t} = \|\mathfrak{a}, \mathfrak{b}, \mathfrak{c}, \mathfrak{d}\|$ sei das „Vektorprodukt" von $\mathfrak{a}, \mathfrak{b}, \mathfrak{c}, \mathfrak{d}$, d. h. die durch die Forderung Det. $(\mathfrak{a}, \mathfrak{b}, \mathfrak{c}, \mathfrak{d}, \mathfrak{z}) \equiv (\mathfrak{t}\,\mathfrak{z})$, die für jeden Hilfsvektor $\mathfrak{z}$ gelten soll, gegebene Kugel $\mathfrak{t}$.

Dieser Parameter τ, der invariant gegen Parameterwechsel von t und Umnormierungen von $\mathfrak{x}$ ist (beim Beweis benutzt man, daß $\|\mathfrak{a} + \alpha\cdot\mathfrak{b}, \mathfrak{b}, \mathfrak{c}, \mathfrak{d}\| = \|\mathfrak{a}, \mathfrak{b}, \mathfrak{c}, \mathfrak{d}\|$ und $\|\mu\mathfrak{a}, \mathfrak{b}, \mathfrak{c}, \mathfrak{d}\| = \mu\|\mathfrak{a}, \mathfrak{b}, \mathfrak{c}, \mathfrak{d}\|$) ist invariant gegen Möbiustransformationen; denn er besteht wegen

$$(2\,a)\qquad \|\mathfrak{x}\dot{\mathfrak{x}}\ddot{\mathfrak{x}}\dddot{\mathfrak{x}}\|^2 = -\begin{vmatrix} (\mathfrak{x}\mathfrak{x}) & (\mathfrak{x}\dot{\mathfrak{x}}) & (\mathfrak{x}\ddot{\mathfrak{x}}) & (\mathfrak{x}\dddot{\mathfrak{x}}) \\ (\dot{\mathfrak{x}}\mathfrak{x}) & (\dot{\mathfrak{x}}\dot{\mathfrak{x}}) & (\dot{\mathfrak{x}}\ddot{\mathfrak{x}}) & (\dot{\mathfrak{x}}\dddot{\mathfrak{x}}) \\ (\ddot{\mathfrak{x}}\mathfrak{x}) & (\ddot{\mathfrak{x}}\dot{\mathfrak{x}}) & (\ddot{\mathfrak{x}}\ddot{\mathfrak{x}}) & (\ddot{\mathfrak{x}}\dddot{\mathfrak{x}}) \\ (\dddot{\mathfrak{x}}\mathfrak{x}) & (\dddot{\mathfrak{x}}\dot{\mathfrak{x}}) & (\dddot{\mathfrak{x}}\ddot{\mathfrak{x}}) & (\dddot{\mathfrak{x}}\dddot{\mathfrak{x}}) \end{vmatrix}$$

aus lauter Skalarprodukten.

1) Der Parameter σ ist von H. Liebmann in den „Sitzungsberichten der Bayrischen Akademie der Wissenschaften", Sonderabdruck aus Jahrgang 1923, aufgestellt.

Wählt man als Normierungsfaktor von $\mathfrak{x}$ $\varrho = 1$ (vgl. S. 3) und als Parameter t die euklidische Bogenlänge, so ergibt sich unter Benutzung der Frenet'schen Formeln leicht

$$d\sigma^2 = \overset{2}{\underset{+}{\sqrt{}}}\left(\frac{1}{\varrho \cdot \tau}\right)^2 + \left(\frac{\dot{\varrho}}{\varrho^2}\right)^2 \cdot dt^2$$

Dies stellt bis auf einen Zahlfaktor den „unendlich kleinen Winkel" zwischen Kurve und Krümmungskreis vor.

Man sieht ferner, daß die einzigen 0-Linien im Reellen die Kreise ($\frac{1}{\tau}$ = Windung $= 0$; ϱ = Krümmungsradius $=$ const.) sind.

Um die Extremalen von σ zu berechnen, bedient man sich zweckmäßig der Ableitungsgleichungen, welche sich, analog den Frenet'schen Gleichungen für kartesische Koordinaten, auch für pentasphärische Koordinaten aufstellen lassen.

§ 3. Ableitungsgleichungen.

Entsprechend dem „begleitenden Dreibein" von Frenet, benutzt man hier ein „begleitendes Fünfbein", d. h. 5 linear unabhängige Vektoren, die den Kurvenpunkt auf seiner Reise längs der Kurve begleiten, und aus denen man alle anderen begleitenden Vektoren, also auch die Ableitungen, linear kombinieren kann.

Die 5 Beine seien:

1. Der Kurvenpunkt $\mathfrak{x}$,
2. die Schmiegkugel $\mathfrak{s}$,
3. die durch den Krümmungskreis gehende und auf $\mathfrak{s}$ senkrecht stehende Normalkugel $\mathfrak{n}$.

Es sei $\mathfrak{t}$ folgende Kugel: Wenn $\mathfrak{q}$ der zweite Schnittpunkt dreier benachbarter Normalkugeln ist ($\mathfrak{x}$ ist der erste), so soll $\mathfrak{t}$ auf $\mathfrak{s}$ und $\mathfrak{n}$ senkrecht stehen und durch $\mathfrak{x}$ und $\bar{\mathfrak{x}}$ hindurchgehen.

4. die Kugel $\mathfrak{t}$,
5. $\bar{\mathfrak{x}}$, der zweite Schnittpunkt der Kugeln:

$$\mathfrak{s},\ \mathfrak{n},\ \mathfrak{t}.$$

Der Normierungsfaktor ϱ sei bei diesen 5 Vektoren jedesmal so gewählt, daß $(\mathfrak{x}\,\bar{\mathfrak{x}}) = 1$ (wenn man die Normierung von $\mathfrak{x}$ gewählt hat, ist dadurch diejenige von $\bar{\mathfrak{x}}$ festgelegt) $(\mathfrak{s}\,\mathfrak{s}) = (\mathfrak{n}\,\mathfrak{n}) = (\mathfrak{t}\,\mathfrak{t}) = 1$.

Wegen (2) (Seite 4) gilt für orthogonale Kugeln $\mathfrak{u}$, $\mathfrak{v}$:

$$(\mathfrak{u}\mathfrak{v}) = 0$$

Ferner ist die Inzidenz von Punkt und Kugel durch

$$(\mathfrak{u}\,\mathfrak{x}) = 0 \quad ((\mathfrak{u}\,\mathfrak{u}) > 0;\ (\mathfrak{x}\,\mathfrak{x}) = 0)$$

gekennzeichnet. Man hat also die Tabelle skalarer Produkte:

	$\mathfrak{x}$	$\bar{\mathfrak{x}}$	$\mathfrak{s}$	$\mathfrak{n}$	$\mathfrak{t}$
$\mathfrak{x}$	0	1	0	0	0
$\bar{\mathfrak{x}}$	1	0	0	0	0
$\mathfrak{s}$	0	0	1	0	0
$\mathfrak{n}$	0	0	0	1	0
$\mathfrak{t}$	0	0	0	0	1

Danach ist die Determinante $(\mathfrak{x}\,\bar{\mathfrak{x}}\,\mathfrak{s}\,\mathfrak{n}\,\mathfrak{t}) = \pm 1$ weil

$$(\mathfrak{x}\,\bar{\mathfrak{x}}\,\mathfrak{s}\,\mathfrak{n}\,\mathfrak{t})^2 = -\begin{vmatrix} (\mathfrak{x}\,\mathfrak{x}) & (\mathfrak{x}\,\bar{\mathfrak{x}}) & (\mathfrak{x}\,\mathfrak{s}) & (\mathfrak{x}\,\mathfrak{n}) & (\mathfrak{x}\,\mathfrak{t}) \\ (\bar{\mathfrak{x}}\,\mathfrak{x}) & (\bar{\mathfrak{x}}\,\bar{\mathfrak{x}}) & (\bar{\mathfrak{x}}\,\mathfrak{s}) & (\bar{\mathfrak{x}}\,\mathfrak{n}) & (\bar{\mathfrak{x}}\,\mathfrak{t}) \\ (\mathfrak{s}\,\mathfrak{x}) & (\mathfrak{s}\,\bar{\mathfrak{x}}) & (\mathfrak{s}\,\mathfrak{s}) & (\mathfrak{s}\,\mathfrak{n}) & (\mathfrak{s}\,\mathfrak{t}) \\ (\mathfrak{n}\,\mathfrak{x}) & (\mathfrak{n}\,\bar{\mathfrak{x}}) & (\mathfrak{n}\,\mathfrak{s}) & (\mathfrak{n}\,\mathfrak{n}) & (\mathfrak{n}\,\mathfrak{t}) \\ (\mathfrak{t}\,\mathfrak{x}) & (\mathfrak{t}\,\bar{\mathfrak{x}}) & (\mathfrak{t}\,\mathfrak{s}) & (\mathfrak{t}\,\mathfrak{n}) & (\mathfrak{t}\,\mathfrak{t}) \end{vmatrix} = 1,$$

das 5-Bein ist also linear unabhängig.

Es sei $\mathfrak{x}' = \frac{d}{d\sigma}\mathfrak{x}$. Setzt man $\mathfrak{x}$, $\bar{\mathfrak{x}}'$, $\mathfrak{s}'$, $\mathfrak{n}'$, $\mathfrak{t}'$ als lineare Kombinationen von $\mathfrak{x}$, $\bar{\mathfrak{x}}$, $\mathfrak{s}$, $\mathfrak{n}$, $\mathfrak{t}$ an, und berücksichtigt man die Beziehungen, die sich aus der Bedeutung von σ, $\bar{\mathfrak{x}}$, $\mathfrak{s}$, $\mathfrak{n}$, $\mathfrak{t}$ ergeben, normiert man ferner $\mathfrak{x}$ dadurch, daß man fordert $(\mathfrak{x}'\,\mathfrak{x}') = 1$ (damit ist auch $\bar{\mathfrak{x}}$ normiert), so erhält man als „Ableitungsgleichungen“:

$$\begin{aligned} \mathfrak{x}' &= \frac{b'}{b}\,\mathfrak{x} \\ \bar{\mathfrak{x}}' &= -\frac{b'}{b}\,\bar{\mathfrak{x}} + \mathfrak{n} + a\,\mathfrak{t} \\ \mathfrak{s}' &= b\,\mathfrak{n} \\ \mathfrak{n}' &= -\mathfrak{x} - b\,\mathfrak{s} \\ \mathfrak{t}' &= -\mathfrak{x} - a\,\mathfrak{x} \end{aligned}$$

wo a und b 2 Invariante sind.

Die Matrix der Koeffizienten ist schiefsymmetrisch, wie folgende Tabelle zeigt:

	$\bar{\mathfrak{x}}$	$\mathfrak{x}$	$\mathfrak{s}$	$\mathfrak{n}$	$\mathfrak{t}$
$\mathfrak{x}'$	0	$\frac{b'}{0}$	0	0	1
$\bar{\mathfrak{x}}'$	$-\frac{b'}{b}$	0	0	1	a
$\mathfrak{s}'$	0	0	0	b	0
$\mathfrak{n}'$	0	-1	$-b$	0	0
$\mathfrak{t}'$	-1	$-a$	0	0	0

Wenn man daher a und b etwa als analytische Funktionen von σ vorgibt, ist bis auf Möbiustransformationen die Kurve mitsamt dem begleitenden 5-Bein gegeben.

Anmerkung: Es läßt sich auch ein 5-Bein von niedrigerer Ordnung (das obige hat die Ordnung 5, das andere 4) angeben, das aus den Vektoren $\mathfrak{x}, \mathfrak{x}', \mathfrak{s}, \mathfrak{n}, \mathfrak{p}$ ($\mathfrak{p}$ der zweite Schnitt von $\mathfrak{x}'$, $\mathfrak{s}$, $\mathfrak{n}$) besteht, welches aber keine so anschauliche geometrische Bedeutung wie das obige hat.

§ 4. Deutung der Invarianten a und b.

1. Die Invariante a hängt zusammen mit dem Winkel $\varphi(\sigma)$ zwischen der Kurve $\bar{\mathfrak{x}}(\sigma)$ und dem Krümmungskreis von $\mathfrak{x}(\sigma)$. Um diesen Winkel zu berechnen, genügt es, den Winkel zwischen $\bar{\mathfrak{x}}'$ und $\mathfrak{t}$ zu berechnen, weil $\bar{\mathfrak{x}}'$ im Punkt $\bar{\mathfrak{x}}$ auf dem Linienelement von $\bar{\mathfrak{x}}(\sigma)$, $\mathfrak{t}$ im Punkt $\bar{\mathfrak{x}}$ auf dem Linienelement des Krümmungskreises senkrecht steht. Man findet so:

$$a^2 = \operatorname{ctg}^2 \varphi.$$

2. b, die „Inversionskrümmung[1]" der Kurve $\mathfrak{x}(\tau)$ (denn es ist $b = \sqrt{\mathfrak{s}'\,\mathfrak{s}'} = \frac{dt}{d\sigma}\sqrt{\dot{\mathfrak{s}}\,\dot{\mathfrak{s}}} = \frac{dt}{d\sigma}\cdot\sqrt{\frac{\dot{x}^2+\dot{y}^2+z^2-\dot{R}^2}{2^2}}$; wenn Punkt $= \frac{d}{dt} =$ Ableitung nach Bogenlänge) läßt auch eine einfache geometrische Deutung zu: Es ist nämlich

$$\cos^2 \psi = \left(\frac{b^4-1}{b^4+1}\right)^2$$

wobei ψ der Öffnungswinkel derjenigen Dupin'schen Zyklide ist, deren Kugeln sämtlich drei benachbarte Normalkugeln berühren.

Um diesen Winkel zu berechnen, verfährt man so: man wählt eine Kugel, die auf allen Kugeln der erwähnten Schar der Zyklide senkrecht steht (Gleichung der Zyklide:

$$\mathfrak{z} = (\gamma^2+\varepsilon^2)\,\mathfrak{x} + 2\,b^2\gamma^2\,\bar{\mathfrak{x}} + 2\,b\,\gamma^2\,\mathfrak{s} - \frac{2\gamma^2}{b}\,\mathfrak{n} + 2\,b\,\gamma^2\,\mathfrak{t},$$

das Verhältnis $\gamma:\varepsilon$ ist der Parameter) z. B. $\mathfrak{n}'$. Eine Dupin'sche Zyklide kann man auf zwei Arten als Einhüllende einer einparametrigen Kugelschar auffassen. Jede Kugel der einen Schar berührt jede Kugel der andern Schar. $\mathfrak{n}'$ steht nun auch auf zwei Kugeln der zweiten Schar senkrecht. Der Winkel zwischen diesen beiden Kugeln ist ψ.

§ 5. Die Extremalen des invarianten Parameters.

Um die Extremalen zu bestimmen, hat man das Variationsproblem

$$\delta\int\sqrt[4]{\frac{\|\mathfrak{x}\;\dot{\mathfrak{x}}\;\ddot{\mathfrak{x}}\;\dddot{\mathfrak{x}}\|^2}{(\dot{\mathfrak{x}}\,\dot{\mathfrak{x}})^4}}\,dt = 0$$

mit der Nebenbedingung $(\mathfrak{x}\,\mathfrak{x}) = 0$ zu lösen.

---

1) Vgl. die Seite 4, Anmerkung 1 erwähnte Arbeit.

Es sei $\sqrt[4]{\frac{\| \mathfrak{x}\,\dot{\mathfrak{x}}\,\ddot{\mathfrak{x}}\,\dddot{\mathfrak{x}} \|^2}{(\mathfrak{x}\,\dot{\mathfrak{x}})^4}} = f(x_i, \dot{x}_i, \ddot{x}_i, \dddot{x}_i) \quad i = 1, \ldots, 5.$

Nach Euler-Lagrange hat man dann die Differentialgleichungen:

$$f_{x_i} + \lambda(\mathfrak{x}\mathfrak{x})_{x_i} - \frac{d}{dt} f_{\dot{x}_i} + \frac{d^2}{dt^2} f_{\ddot{x}_i} - \frac{d^3}{dt^3} f_{\dddot{x}_i} = 0 \quad i = 1, -, 5$$

zu lösen. (λ ist ein noch zu bestimmender Faktor.)

Man kann hier nun folgenden Weg einschlagen: f besteht nur aus Skalarprodukten. (Vgl. S. 4 Formel (2a)). Es ist aber z. B. $\left\{\frac{d}{dx_i}(\mathfrak{x}\mathfrak{a})\right\} = \{a_1, a_2, a_3, a_4, -a_5\}$, wenn $\mathfrak{a} = \{a_i\}$; d. h. fast $\frac{d}{d\mathfrak{x}}(\mathfrak{x}\,\mathfrak{a}) = \mathfrak{a}$. Da sich das Minuszeichen in der letzten der 5 obigen Gleichungen gerade wieder heraushebt, kann man also auch schreiben:

$$\frac{\mathfrak{d}}{\mathfrak{d}\mathfrak{x}}[f + \lambda(\mathfrak{x}\,\mathfrak{x})] - \frac{d}{dt}\left(\frac{\mathfrak{d}}{\mathfrak{d}\dot{\mathfrak{x}}} f\right) + \frac{d^2}{dt^2}\left(\frac{\mathfrak{d}}{\mathfrak{d}\ddot{\mathfrak{x}}} f\right) - \frac{d^3}{dt^3}\left(\frac{\mathfrak{d}}{\mathfrak{d}\dddot{\mathfrak{x}}} f\right) = 0$$

In: $f_{\mathfrak{x}} + \lambda(\mathfrak{x}\,\mathfrak{x})_{\mathfrak{x}} - \frac{d}{dt} f_{\dot{\mathfrak{x}}} + \frac{d^2}{dt^2} f_{\ddot{\mathfrak{x}}} - \frac{d^3}{dt^3} f_{\dddot{\mathfrak{x}}} = 0$ ist der Parameter ganz beliebig, man kann also $dt = d\sigma$ setzen und erhält nach Ausführung der Differentiation eine lineare Gleichung aus den Ableitungen $\mathfrak{x}, \mathfrak{x}', \mathfrak{x}'', \mathfrak{x}'''$, mit Koeffizienten, die sich aus Ausdrücken von der Form $(\mathfrak{x}''\,\mathfrak{x}''')$ usw. zusammensetzen. Benutzt man nun die Ableitungsgleichungen, so erhält man eine lineare Kombination aus den 5 Grundvektoren, deren Koeffizienten also alle verschwinden müssen. Dies gibt außer zwei Identitäten eine Bestimmungsgleichung für λ, die nicht interessiert, ferner die beiden Gleichungen für a und b:

$$(3) \qquad 3\,b\,b' + \left(\left(\frac{b'}{b}\right)'' + \left(\frac{b'}{b}\right)\left(\frac{b'}{b}\right)' - a'\right) = 0$$

$$b'' - b^3 - b\left(2\left(\frac{b'}{b}\right)' + \left(\frac{b'}{b}\right)^2 - 2\,a\right) = 0$$

Für den Fall konstanter Koeffizienten erhält man: $2a - b^2 = 0$ (wenn man wegen $b \neq 0$ die sphärischen Kurven $b = 0$ ausschließt).

Diese Kurven liegen aber auf Dupin'schen Zykliden und schneiden die Krümmungslinien derselben unter 45°. Die Kurve $\mathfrak{x}(\sigma)$ liegt dann nämlich auf der Kugelschar $\mathfrak{d} = b\mathfrak{x} + \mathfrak{s}$, von der man durch das Beweisen der Gleichung $\mathfrak{d}''' = \text{konst.} \cdot \mathfrak{d}'$ (vgl. die in Anmerkung 1 auf Seite 3 genannte Arbeit, Seite 142) zeigt, daß sie eine Dupin'sche Zyklide ist. Den Winkel zwischen der Kurve $\mathfrak{x}(\sigma)$ und den Krümmungslinien findet man, indem man den Winkel zwischen den Kugeln $\mathfrak{t} - \mathfrak{n}$ und $\mathfrak{t}$ berechnet, die auf der Krümmungslinie bzw dem Linienelement der Kurve senkrecht stehen.

Die Extremaleneigenschaft der 45^0-Isogonaltrajektorien auf Dupin'schen Zykliden ist schon von H. LIEBMANN in der oben erwähnten Arbeit nachgewiesen.

§ 6. Natürliche Gleichungen der Extremalen.

Nehmen wir nun $b' \neq 0$ an. Dann sind die Gleichungen (3) äquivalent mit folgenden:

$$(4) \qquad 2\,ab^2 + B = 0$$
$$b'^2 = -b^4 + A\,b^2 + B$$

wobei A und B Integrationskonstante sind.

Man weist nun leicht nach, daß die Bedingung $2\,ab^2 + B = 0$ gleichbedeutend damit ist, daß die Normalkugeln der Kurve alle auf einer festen Kugel senkrecht stehen oder durch einen festen Punkt gehen.

Die Kugel (für $B = -1$ ist es ein Punkt) ist

$$\mathfrak{N} = ab\,\mathfrak{x} - b\,\bar{\mathfrak{x}} + \mathfrak{s}.$$

Man rechnet nach, daß $\mathfrak{N}' = 0$. Dabei kann man B geometrisch deuten, da $B = \mathrm{tg}^2\,\omega$, wenn ω der feste Winkel zwischen den Schmiegkugeln der Kurve und $\mathfrak{N}$ ist.

Wenn daher die Normalkugeln einer Kurve alle auf einer festen Kugel senkrecht stehen, und die Inversionskrümmung der Differentialgleichung

$$b'^2 = -b^4 + A\,b^2 + tg^2\,w$$

genügt, oder wenn die Normalkugeln alle durch einen festen Punkt gehen und die Inversionskrümmung der Gleichung genügt:

$$b'^2 = -b^4 + A\,b^2 - 1$$

dann hat man es mit Extremalen von $\delta \int d\sigma = 0$ zu tun.

Nehmen wir etwa an, die Normalkugeln gehen durch einen festen Punkt. Dann kann man diesen jedenfalls mittels einer Möbiustransformation in den unendlich fernen Punkt werfen. Die Normalkugeln werden dann zu Schmiegebenen, und man bekommt für die euklidische Bogenlänge:

$$dt^2 = \frac{d\sigma^2}{b^2}$$

für die euklidische Krümmung ergibt sich:

$$\frac{1}{\varrho^2} = \text{konst. etwa} = 1$$

nnd für die euklidische Windung:

$$\frac{1}{\tau^2} = b^4$$

Die Gleichung $b'^2 = -b^4 + A b^2 - 1$ nimmt dann die Form an: $\dot\tau^2 = -4 + 4 A\tau - 4\tau^2$ $(\dot\tau = \frac{d}{dt}\tau)$, die man leicht integrieren kann:

$$\tau = \tau(t) = \pm \frac{1}{2}\sqrt{A^2 - 4}\cdot \cos(2t) + \frac{A}{2}$$

Ebenso findet man leicht in dem Fall, daß die Normalkugeln alle auf einer festen Kugel senkrecht stehen (hier bringt man die feste Kugel an den Platz der Einheitskugel um den 0-Punkt):

$$\frac{1}{\varrho^2} = 1 - B$$

$$\tau = \sqrt{1-B}\,(\pm\sqrt{A^2+4B}\cdot\cos(2\sqrt{-B}\,t)+A) : -2B$$

wobei $\frac{1}{\varrho}$ die nichteuklidische Krümmung,

$\frac{1}{\tau}$ die nichteuklidische Windung

und t die nichteuklidische Bogenlänge bedeutet.

(Vgl. L. BERWALD, Differentialinvarianten in der Geometrie. RIEMANNsche Mannigfaltigkeiten und ihre Verallgemeinerungen. Enzyklopädie, III, 3, 11, S. 96.)

Man kann schließlich sagen: Die Extremalen unseres Variationsproblems bestehen aus den Kurven, die durch die euklidischen natürlichen Gleichungen

$$\frac{1}{\varrho^2} = 1$$

$$\tau = (\pm\sqrt{A^2 - 4}\cdot\cos 2t + A) : 2$$

gegeben sind und aus Kurven, die durch die nichteuklidischen natürlichen Gleichungen

$$\frac{1}{\varrho^2} = 1 - B$$

$$\tau = \sqrt{1-B}\,(\pm\sqrt{A^2+4B}\cdot\cos(2\sqrt{-B}\,t) + A) : -2B$$

gegeben sind, und aus den „Möbius-Verwandten" von solchen Kurven.

Abteilung B. Biologische Wissenschaften.

Jahrgang 1923.

1. Kossel, A und R. E. Gross. Über die Darstellung und quantitative Bestimmung des Arginins. Reichsmark 0·30

Von Jahrgang 1925 ab findet die Trennung in Abteilung A und B nicht mehr statt.

Jahrgang 1925.

1. Heffter, Lothar. Zur absoluten Geometrie II. Reichsmark 0·50
2. Roeser, Ernst. Die komplementären Figuren der nichteuklidischen Ebene. Reichsmark 0·50
3. Fladt Kuno. Neuer Beweis f. d. Zuordnung von rechtwinkligem Dreieck und Spitzeck in der hyperbolischen Elementargeometrie. Reichsmark 0·30
4. Salomon, Wilhelm. Beobachtungen über Harnische. Reichsmark 0·70
5. Loewy, A. Beiträge zur Algebra. 1 - 4. Reichsmark 1·—
6. Hellpach, Willy. 2 Mitteilung zur Physiognomik der deutschen Volksstämme. Reichsmark 0·30
7. Loewy, Alfred. Neue elementare Begründung u. Erweiterung der Galois'schen Theorie Reichsmark 2·—
8. Curtius, Theodor u Bertho, Alfred Einwirkung von Stickstoffkohlenoxyd und von Stickstoffwasserstoffsäure unter Druck auf aromatische Kohlenwasserstoffe Reichsmark 0·40
9. Roeser, Ernst. Die gnomonische Projektion in der hyperbolischen Geometrie. Reichsmark 0·70
10. Rasch, G. Über die Ausnützung der Gezeiten des Meeres zur Energiegewinnung Reichsmark 0·80
11. Salomon, Wilhelm. Magmatische Hebungen Reichsmark 1·20
12. Pütter, A. Altersbestimmungen an Drachenbäumen von Teneriffe. Reichsmark 0·90
13. Volk, Otto. Über geodätische rhombische Kurvennetze auf krummen Flächen, insbesondere auf Flächen konstanter Krümmung. Reichsmark 1·10
14. Roeser, Ernst Die Fundamentalkonstruktion der hyperbolischen Geometrie. Reichsmark 1·40
15. Rüger, L. u. Rüger-Haas, P. Palaeosemaeostoma geryonides v. Huene sp. eine sessile Meduse aus dem Dogger von Wehingen i. W. und Medusina liasica nov. sp., eine coronatenähnliche Meduse aus dem mittleren Lias von Hechingen i. Württemberg Reichsmark 1·50

Jahrgang 1926

1. Krull, Wolfgang. Theorie und Anwendung der verallgemeinerten Abelschen Gruppen. Reichsmark 1·70
2. Klebs, Georg. Über periodisch wachsende tropische Baumarten. Reichsmark 1·20
3. Müller, Max. Über die Oberfläche von Flächenstücken. Reichsmark 1·20
4. Ernst, Max. Über Anlagen von Organen, die nicht zur Ausbildung gelangen. Reichsmark 0·50
5. Ernst, Emil. Die optischen Eigenschaften des Andesins von Bodenmais Reichsmark 1·10
6. Liepmann, Wilhelm. Leichengeburt bei Ichthyosauriern. Reichsmark 0·90
7. Klebs, Georg. Über die Längenperiode der Internodien. Reichsmark 2·40
8. Jost, L. u v. Ubisch, G. Zur Windefrage. Reichsmark 0·80
9. Salomon, Wilhelm. Gibt es Gesteine, die für bestimmte Erdperioden charakteristisch sind? Reichsmark 0·30
10. Roeser, Ernst. Der reelle Übergang zwischen den beiden nichteuklidischen Geometrien und ihrem Parallelenbegriff. Reichsmark 1·20
11. Salomon, Wilhelm. Kugelförmige Absonderung. Reichsmark 0·80
12. Salomon, Felsenmeere und Blockstreuungen. Reichsmark 0·80
13. Salomon, Die Gruppendefinitionen in der Paläontologie. Reichsmark 0·90

Jahrgang 1927.

1. LOEWY, ALFRED. Neue elementare Begründung und Erweiterung der Galoisschen Theorie. Reichsmark 1·60
2. LIEBMANN, HEINRICH. Rhombische Geradennetze im Raum. Reichsmark 1·—
3. VOLK, OTTO. Über geodätische Dreiecknetze auf Flächen konstanten Krümmungsmaßes. Reichsmark 1 80
4. PÜTTER A. Chemische Reizwirkung und Giftwirkung. Mit einem mathematischen Anhang: Ein Diffussionsproblem von E. TREFFTZ. Reichsmark 2·40
5. REMBS, EDUARD Die Verbiegung des verlängerten Rotationsellipsoids. Reichsmark 1·60
6. MAYER, ADOLF. Naturwissenschaftliche Ästhetik. Reichsmark 0·90
7. MAYER, ADOLF Naturwissenschaftliche Volkswirtschaftslehre. Reichsm 0·80
8. BAER, R., KAPFERER, H, KRULL, W., SCHMIDT, F. K. Beiträge zur Algebra. Nr. 5—10. Reichsmark 6·20
9. MÜLLER, MAX. Über die Eindeutigkeit der Intregale eines Systems gewöhnlicher Differentialgleichungen und die Konvergenz einer Gattung von Verfahren zur Approximation dieser Integrale. Reichsmark 2·50
10. FREUDENBERG, KARL Intramolekulare Umlagerung optisch-aktiver Systeme. Reichsmark 1·—
11. ROESER, ERNST. Abbildung der hyperbolischen Ebene auf die Kugel mittels der Beziehung zwischen Lot und Parallelwinkel. Reichsmark 1·—
12. RÜGER, L. Die direkte gebirgsgetreue Übertragung der auf dem Universaldrehtisch gewonnenen Messungsergebnisse gebirgsorientierter Schliffe in das Diagramm. Reichsmark 1 20
13. JOST, L. Elektrische Potentialdifferenzen an der Einzelzelle. Reichsmark 1·90

Jahrgang 1928.

1. RÜGER, L. Einige Bemerkungen zur Darstellung tektonischer Elemente, insbesonders von Klüften und Harnischen. Reichsmark 1 20
2. HERBST, CURT. Untersuchungen zur Bestimmung des Geschlechts. Ein neuer Weg zur Lösung des Geschlechtsbestimmungsproblems bei Bonellia viridis. Reichsmark 1 50
3. MERTON, HUGO Untersuchungen über die Entstehung amöbenähnlicher Zellen aus absterbenden Infusorien. Reichsmark 2·20
4. BAER, REINHOLD. Zur Einordnung der Theorie der Mischgruppen in die Gruppentheorie. Reichsmark 2·20
5. BAER, REINHOLD. Über die Zerlegungen einer Mischgruppe nach einer Untermischgruppe. Reichsmark 1 50
6. ROESER, ERNST. Komplementäre Körper der beiden nichteuklidischen Geometrien. Reichsmark 1·—
7. KRULL, WOLFGANG. Primidealketten in allgemeinen Ringbereichen. Reichsmark 1·10
8. SALOMON, WILHELM. Geologische Beobachtungen des Leonardo da Vinci. Reichsmark 0·90
9. LIEBMANN, HEINRICH Die Sätze von Lie und Gambier über Kurven eines Linienkomplexes. Reichsmark 0·90
10. MERZ, K. W. Über den Wirkungsantagonismus von Blutkörperchen und Serum bei chemisch faßbaren biologischen Vorgängen. Reichsmark 1·20
11. MÜHLBACH, R. Über Raumkurven in der Möbius'schen Geometrie. Reichsmark 1·20

Abhandlungen
der Heidelberger Akademie der Wissenschaften

Mathematisch-naturwissenschaftliche Klasse

Abteilung A

12. MOHR, ERNST. Über den Zusammenhang zwischen der Struktur und den morphologischen Merkmalen des Diamanten. 1924. Reichsmark 3·50
13. REINMUTH, KARL. Die Herschel-Nebel, nach Aufnahmen der Königstuhlsternwarte. 1926. Reichsmark 20·—
14. SALOMON, WILHELM. Die Erbohrung der Heidelberger Radium-Sol-Therme und ihre geologischen Verhältnisse. 1927. Reichsmark 8·—

Druck: Hermann Böhlaus Nachfolger Hof-Buchdruckerei G m b. H Weimar

MIX
Papier | Fördert
gute Waldnutzung
FSC® C083411

Zeitfracht Medien GmbH
Ferdinand-Jühlke-Straße 7
99095 Erfurt, Deutschland
produktsicherheit@kolibri360.de